Bibliografische Information der Deutschen Nationalbibliothek:

Die Deutsche Bibliothek verzeichnet diese Publikation in der Deutschen National-
bibliografie; detaillierte bibliografische Daten sind im Internet über http://dnb.d-
nb.de/ abrufbar.

Impressum:

Copyright © 2016 GRIN Verlag, Open Publishing GmbH
Druck und Bindung: Books on Demand GmbH, Norderstedt Germany
ISBN: 9783668499102

Dieses Buch bei GRIN:

http://www.grin.com/de/e-book/373383/das-denken-von-kognitiven-systemen

Hannes Ueberschär

Das „Denken" von kognitiven Systemen

Die Beantwortung von Fragen mittels Deep Learning Algorithmen und neuronalen Netzwerken am Beispiel von IBM Watson

GRIN Verlag

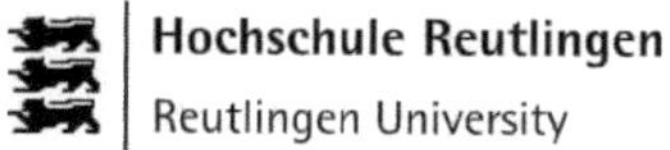

Das „Denken" von kognitiven Systemen

Die Beantwortung von Fragen mittels Deep Learning Algorithmen und neuronalen Netzwerken am Beispiel von IBM Watson

Von

Hannes Ueberschär

Düsseldorf, Juni 2016

Inhaltsverzeichnis

Abkürzungsverzeichnis

Abb.	Abbildung
AI	Artificial Intelligence (zu dt. künstliche Intelligenz)
bspw.	Beispielsweise
ca.	circa
CC	Cognitive Computing
DeepQA	Deep Question Answering (Watson-Technologie)
d.h.	das heißt
EDV	Elektronische Datenverarbeitung
f.	darauffolgende Seite
Hrsg.	Herausgeber
i. A. a.	In Anlehnung an
IBM	International Business Machines Corporation
KI	künstliche Intelligenz
o. J.	ohne Jahr (fehlende Angabe im Literaturverzeichnis)
o. O.	ohne Ort (fehlende Angabe im Literaturverzeichnis)
RAM	Random Access Memory
S.	Seite
u. a.	unter anderem
v. a.	vor allem
vgl.	vergleiche
WWW	World Wide Web
z. B.	zum Beispiel

Abbildungsverzeichnis

1 Einleitung in die Thematik

Bereits im März 1960 schrieb der Informatiker J. C. R. Licklider in einer seiner Abhandlung: „Man-computer symbiosis is an expected development in cooperative interaction between men and electronic computers" (Licklider 1960: 4). Rund 56 Jahre später und konfrontiert mit einem 800 prozentigen Anstieg der Datenmenge bis 2017, wovon 80 Prozent unstrukturierte Daten sind (Gartner Inc. 2012), ist die Unterstützung des Menschen durch Maschinen mit künstlicher Intelligenz (KI) eine ubiquitäre Thematik. So überführt Apples *Siri* automatisch Termine aus Emails in den Kalender und zeigt ortspezifisch Kontakte an, die zuvor häufiger an diesem Ort angerufen wurden (vgl. Volker 2015: 130 f.). Das Assistenz-Tool *Cortana* der Microsoft Corperation lernt Präferenzen und schlägt u.a. ortabhängige, auf den Nutzer passende Veranstaltungen vor (vgl. Microsoft Corporation 2016). Auch Google präsentiert kognitive Ansätze in *Google Now*, bei dem durch die Kombination von Google-Diensten dem Nutzer bestimmte Informationen wie der Status der Paketsendung, die Fahrzeit zur Arbeit mit aktueller Verkehrslage oder die Boardkarte zur Eincheckzeit angezeigt werden (vgl. Volker 2015: 128 f.). Ende 2015 kündigte das Marktforschungsunternehmen Gartner Inc. (2015: 6 f.) die intelligenten Maschinen als strategischen Technologie-Trend für 2016 an. Als zentrale Voraussetzung wurde dabei die Interaktion von Mensch und Maschine und das damit verbundene Verstehen natürlicher Sprache dargestellt. Ein bedeutender Meilenstein in dem Zusammenhang war der Sieg von IBM's Watson in *Jeopardy!* und dessen eingesetzte Technologie zum Verstehen natürlicher Sprache (vgl. New York Times 2016; May 2013). In Assoziation mit der technologischen Nachahmung kognitiver Fähigkeiten des Menschen resultiert die folgende Forschungsfrage: *Inwiefern kann ein IT-System eine Fragestellung verstehen und beantworten?*

Grundlage der vorliegenden Arbeit ist die Auseinandersetzung von Walter Hehl mit der Thematik in seinem Buchkapitel „Wissen, Verstehen und Intelligenz mit Software", in dem er auf die verschiedenen Fähigkeiten zur Beantwortung von Fragen durch IT-Systeme eingeht und vor allem die Methodik von Watson anhand der Quizshow *Jeopardy!* genauer erläutert.

Um einen geeigneten Rahmen dafür zu bilden, wird zunächst erläutert, wie kognitive Systeme definiert werden können und prägnant deren historische Entwicklung betrachtet. Im Hauptteil wird auf die Beantwortung von Fragestellungen durch IT-Systeme und dabei aufkommende Problemstellungen sowie im Speziellen auf die Methoden des Watson-Systems am *Jeopardy!*-Beispiel eingegangen und mögliche Anwendungsbereiche von kognitiven Systemen aufgezeigt. Abschließend werden die wichtigsten Ergebnisse der Arbeit zusammengefasst, die Arbeit und Vorgehensweise kritisch reflektiert und ein Ausblick in die Zukunft gegeben.

Aufgrund des Rahmens der vorliegenden Arbeit und der Thematisierung von IBM Watson in dem zugrundeliegenden Artikel bezieht sich der Oberbegriff von kognitiven Systemen bzw. Cognitive Computing insbesondere auf die Watson-Technologie des Unternehmens IBM.

2 Begriffserläuterung Cognitive Computing

2.1 Definition Cognitive Computing

„Im Allgemeinen soll unter [Cognitive Computing] die Orchestrierung von Erkenntnissen aus den unterschiedlichen Disziplinen, wie beispielsweise Philosophie, Psychologie, Informatik, Linguistik, Mathematik und Kognitionswissenschaften verstanden werden. Im Besonderen umfasst Cognitive Computing die Kombination unterschiedlicher wissenschaftlicher Modelle aus den Kognitionswissenschaften und Technologien aus dem Bereich der Künstlichen Intelligenz (Artificial Intelligence) und des Künstlichen Lebens (Artificial Life).“ (Haun 2014: 122)

Diese Definition beschreibt in umfassender Form, was unter dem Begriff Cognitive Computing (CC) zu verstehen ist und ordnet diesen als ein Teilgebiet von Artificial Intelligence (AI) ein, wie auch Seth Earley (2015: 1). Mit einem derartigen kognitiven System soll die Funktionsweise des menschlichen Gehirns simuliert oder gar nachstellt werden mit dem Ziel, ein universelles, kohärentes und einheitliches System zu entwickeln (vgl. Modha et al. 2011: 62; IBM Corporation o. J. (a)). Dies wird mit Hilfe selbstlernender Algorithmen realisiert, welche Techniken wie data mining, pattern recognition und natural language processing anwenden. Während Computer seit Jahren schneller kalkulieren und strukturierte Daten verarbeiten, soll CC eine Möglichkeit bieten, Aufgaben zu übernehmen, was mit den Systemen zuvor unmöglich war wie bspw. das Erkennen von Objekten in einem Bild oder das Verstehen natürlicher Sprache. Die Ausgaben sind dabei nicht nur Antworten auf numerische Probleme, sondern Hypothesen, begründete Argumente und Empfehlungen (vgl. Kelly 2015: 2). Kognitive Systeme, wie Watson von der International Business Machines Corperation (IBM), nutzen dabei sogenannte Deep Learning Algorithmen[1] und neuronale Netzwerke[2], um die zu verarbeitenden Informationen mit bereits erlernten Daten-Sets zu vergleichen. Daraus lässt sich schlussfolgern, dass mit zunehmender Größe der Daten-Sets des kognitiven Systems der Lernprozess besser wird und Daten akkurater verarbeitet werden können (vgl. Marr 2016).

Neben dem Lernen mit vergrößernden Daten-Sets und über die Interaktion mit Mensch und Umfeld zeichnen sich kognitive Systeme dadurch aus, dass sie begründete Entscheidungen anhand der „gelernten“ Daten treffen, also kein menschliches, emotional geleitetes „Bauchgefühl“ besitzen (vgl. Kelly 2015: 2). Über die Zielsetzung von kognitiven System besteht derzeit kein Konsens. Einerseits wird postuliert, dass kognitive Systeme Probleme ohne jegliche

---

[1] Deep Learning ist eine Klasse von Machine Learning Techniken, die auf multiplen Ebenen von nichtlinearen Information arbeiten und eine Methode zum bewachten oder unbewachten Lernen von abstrakteren Schichten darstellen (vgl. Deng 2014).
[2] Das neuronale Netzwerk beschreibt dabei einen komplexen Daten-Entscheidungsbaum, den das Computer-System durchläuft, um letztlich die passende Antwort zu verifizieren (vgl. Marr 2016).

menschliche Hilfe lösen sollen, andererseits wird die Ansicht vertreten, der Mensch soll mit seiner Intelligenz nicht ersetzt, sondern unterstützt werden (vgl. Rouse 2016; IBM Corporation o. J. (a)). Von führenden IT-Unternehmen, so Weber (vgl. 2015: 14 f.), wurden vier definierende Kriterien von kognitiven Systemen festgelegt: Adaptivität als Anpassung an die Umwelt, Interaktivität als Einbezug von Nutzerfeedback, Iterativität als Präzisierung eines Problems über Interaktionsstufen und Kontextualität als inhaltliche Einordnung in Syntax- und Semantik.

2.2 Die Entwicklung von kognitiven Systemen

Zur genauen Betrachtung der Historie von kognitiven Systemen eignet sich deren historische Einordnung in die drei möglichen Ären der Rechensysteme. In der ersten, tabellarisierenden Ära von ca. 1900 bis 1940 wurden mit mechanischen Maschinen die funktionalen Grundzüge von Computern ergründet. Lochkarten dienten u.a. der ersten Umsetzung des EDV-Prinzips. Die folgende programmierende Ära, welche von 1950 bis heute anhält, beschreibt den Wandel von den mechanischen zu den elektronischen Systemen und umfasst somit alle programmierbaren Systeme, welche noch heutzutage unseren Alltag bestimmen wie Laptops, Tablets und Smartphones. Die letzte Ära, welche 2011 begann, ist die kognitive Ära und beschreibt den Entwicklungsverlauf von programmierbaren Systemen mit Funktionen, die sich an menschliche Fähigkeiten anlehnen wie die Erkenntnisgewinnung durch „Lernen" und welche den Menschen damit in komplexen Situationen unterstützen können (vgl. Kelly 2015: 3 f.; Cognitive Computing Consortium 2014). Die erste Begriffsformulierung zu AI wurde bereits im Jahr 1955 durch John McCarthy angestellt als „the science and engineering of making intelligent machines" (McCarthy 2007: 2, Erstauflage 1955). Um 1980 stieg die Forschung um die künstliche Intelligenz erheblich an, bis diese im KI-Winter wieder zurückging (vgl. Weber 2015: 14).

Um die Jahrtausendwende waren erste Erfolge in diesem Bereich zu verzeichnen, als IBM's Computer Deep Blue den amtierenden Schachweltmeister Garri Kasparow schlug (vgl. Hehl 2016: 164 f.). 2005 gewann nach gescheiterten Versuchen im Jahr zuvor das autonome Roboterauto *Stanley* die 142 Milen lange DARPRA Grand Challenge (vgl. Buehler et al. 2007: 2 f.). Ein einschneidender Meilenstein zur Einläutung der derzeitigen Computing-Ära war jedoch der Sieg des kognitiven Systems Watson der IBM über die amtierenden Weltmeister (Ken Jennings und Brad Rutter) bei der amerikanischen Quizshow *Jeopardy!* im Februar 2011. In *Jeopardy!* geht es um das Finden einer exakten Fragestellung zu einer vorgegebenen Antwort aus dem erweiterten Allgemeinwissen, was nicht nur Wissen, sondern auch die Fähigkeit zur logischen Kombination erfordert (vgl. Hehl 2016: 165). Neben der IBM zeichnen auch andere große Technologie-Unternehmen Erfolge ab. So schlug kürzlich Googles Deepmind mit der Software AlphaGo den bisherigen Weltmeister Lee Sedol im Spiel Go, welches ein komplexes chinesisches Brettspiel mit mehr als 10 hoch 170 möglichen Spielpositionen darstellt (vgl. Hassabis 2016).

3 Das Verstehen von Fragen durch kognitive Systeme

3.1 Die Beantwortung von Fragestellungen durch IT-Systeme

„Ein gebildeter Mensch kennt wohl einige Zehntausend Wörter […], aber dazu kommen Millionen von intellektuellen Konstrukten wie ‚der Rubikon ist überschritten' […] die ein Gebildeter verstehen und verwenden kann und ihren Ursprung kennt". (Hehl 2016: 162) Demnach legt Hehl (2016: 162 f.) als beispielhaften Wissenstest von Mensch und Computersystem Fragestellungen zugrunde und zeigt so den Unterschied zu kognitiven Systemen.

Tab. 1: In Anlehnung an die Fragestellungen nach Hehl (2016: 163).

Typ A	Wie heißt die Hauptstadt der Schweiz?
Typ B	Gib mir mehr Information zu Konstrukt „XYZ", etwa zu „der Rubikon ist überschritten"!
Typ C	Was war die Distanz von Pluto und Saturn am 16.07.1992?

Die Fragestellung Typ B ist eine Abfrage anhand von Pattern, die vom Nutzer selbst gegeben werden und von Web-Suchmaschinen wie Google oder Bing ausgeführt werden können. Die Abfrage erfolgt dabei über Assoziationen des Suchbegriffs in der jeweiligen Datenbank der Suchmaschine; so gesehen stellt die Abfrage schon ein Teil der Antwort dar. Sogenannte „Crawler" sammeln Informationen zu dem Text inklusive Links und Text-Speicherort der Webseiten und fügen diese der Suchmaschinen-Datenbank hinzu, wo eine Indizierung der Daten erfolgt (vgl. Microsoft Corporation o. J.). Einzig die Scaling-Problematik[3] der Information stellt bei deren Ranking eine Herausforderung dar, welche jedoch mit einem guten Mechanismus gelöst werden kann, was am Beispiel von Google zu sehen ist (vgl. Hehl 2016: 164).

Die Websoftware Wolfram|alpha stellt eine Weiterentwicklung in die kognitive Richtung dar. Die Software findet nicht nur Dokumente auf, sondern beantwortet konkret Fragen. Zum Beispiel beantwortet Wolfram|alpha *What was the distance between Pluto and Saturn on 07/16/1992?* (Typ C) mit *4.521x10⁹ km,* weiteren Entfernungseinheiten und Details zu Planeten und dem abgefragten Datum (Abb. 6, siehe Anhang). Die „Suchmaschine" erkennt demnach Semantik, bspw., dass es sich nicht um Götter handelt, da diese nicht über Distanz in Beziehung stehen können (Ontologie). Hinzu kommt die Erkenntnis zur Planetenposition und der Distanzberechnung an dem bestimmten Datum. Das Wissen von Wolfram|alpha stammt von Mitarbeitern und sogenannten Kuratoren (vgl. Tacke 2007: 21 f.; Hehl 2016: 169 f.).

---

[3] Die Scaling-Problematik bei der Begriffssuche zielt heute auf die Masse an Informationen ab, aus denen die passendsten Ergebnisse der Suchbegriffe ausgewählt werden sollen (vgl. Hehl 2016: 164).

Bei einer Kenntnisfrage wie nach der Hauptstadt der Schweiz (Typ A) handelt es sich um keine reine Suchabfrage, daher wird es bei einigen Suchmaschinen-Ergebnissen schwierig, die richtige Antwort im Kontext der Frage zu finden. Teilweise resultiert, wie bei Wolfram|alpha, das inkorrekte Ergebnis *Bern* (Abb. 7, s. Anhang). Daraus schlussfolgert Hehl, dass „der intelligente Umgang mit unsicherer Information [...] zu einer zentralen Aufgabe" (Hehl 2016: 164) wird. Im Gegenteil dazu analysiert das kognitive System Watson die Frage, sucht mögliche Antworten in strukturierten und unstrukturierten Daten und erzeugt Evidenzen zu den Antworten, um dem Nutzer die treffendste Antwort zu präsentieren, wie in der Abbildung 1 verdeutlicht wird (vgl. IBM Research 2012: 2).

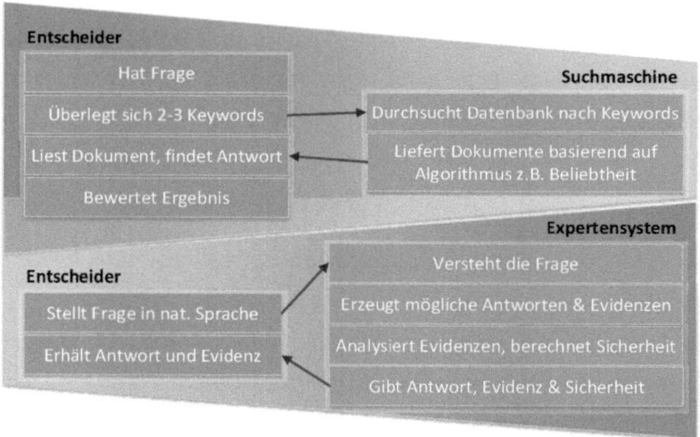

Abb. 1: Unterschied zwischen Watson und Web-Suchmaschinen (i. A. a. IBM Research 2012: 2).

3.2 Herausforderung bei dem Verständnis von Fragen

In Bezug auf die Beantwortung von Fragestellungen am Beispiel von Watson erläutert Hehl (2016: 164-169) einige Herausforderungen. Zum einen stellt das Scaling ein Problem dar, da mit der heutigen Zeit von Big Data[4] eine enorm hohe Datenmenge und –vielfalt und teilweise auch widersprüchliche Daten vorzufinden sind, was das Finden der Lösungsdaten innerhalb des vorhandenen Datenpools erschwert. Somit wird die Einschätzung der Verazität[5] einer Information für Mensch sowie Maschine stets schwieriger.

Zum anderen ist die natürliche Sprache, welche voller Zweideutigkeiten, Anspielungen, Idiosynkrasien und idiomatischen Ausdrücke ist, eine Herausforderung. Das Verständnis von Ausdrücken im Kontext stellt vor allem für eine Software eine Schwierigkeit aufgrund des Umfangs

---

[4] Big Data ist ein abstrakter Begriff für die bestehende Menge und Art von Daten und deren Anstieg, der mit traditioneller Datenanalyseverfahren nicht mehr zu bewältigen ist (vgl. Klein et al. 2013).
[5] Verazität ist im Kontext der Grad an Qualität, Wahrhaftigkeit einer Information (vgl. Hehl 2016: 166).

und der Vielfältigkeit von Wissensobjekten und deren Beziehungen untereinander dar. Selbst der Mensch weißt nur ein assoziatives Netzwerk von Wissen mit Lücken auf, jedoch reicht dies, um für das Gefühl zu sorgen, dass „wir verstehen" (vgl. Anderson 2012: 223 f.).

Eine weitere Herausforderung sieht Hehl (2016: 167 f.) in dem Symbol Grounding Problem, also der Problematik, wie die Maschine die Bedeutung eines bestimmten Objektes und dessen Zusammenhang mit anderen Objekten verstehen kann. Letztlich bezieht sich dies auf die grundlegenden Fragen von Stevan Harnad, wie einem Objekt eine Bedeutung zugeschrieben wird und wie die Bedeutung selbst deklariert ist (vgl. Lercher 2009: 11 f.).

Schlussendlich nennt Hehl (2016: 168 f.) logische Herausforderungen in Verbindung mit der indexikalischen Semantik, also dem Verständnis deiktischer Ausdrücke als Bezugnahme. Dies betrifft Fälle, bei denen die Aussage z.B. einer Textpassage in Raum, Zeit oder im Zusammenhang mit dem jeweiligen Umfeld bestimmt werden muss, um diese sinnvoll interpretieren zu können, wie beispielweise die Ausdrücke „in unserer Zeit" oder „dort".

3.3 Die Methodik des kognitiven Systems Watson

Die Funktionsweise zum Verstehen und anschließendem Beantworten einer Frage durch das kognitive System IBM Watson ist wesentlich komplexer, als in der Abbildung 1 dargestellt und wird folgend an dem gewählten Beispiel von Hehl, *Jeopardy!*, erläutert. Watson arbeitete bei der Show *Jeopardy!* mit 15 Terabyte RAM, 2880 Prozessorkernen und einer Größe mehrerer Kühlschränke. Heute hat das System circa eine Größe von drei Pizzaschachteln, ist 2.400% leistungsstärker und ist 24 Mal so schnell (vgl. Deedrick 2011; IBM Corporation 2014).

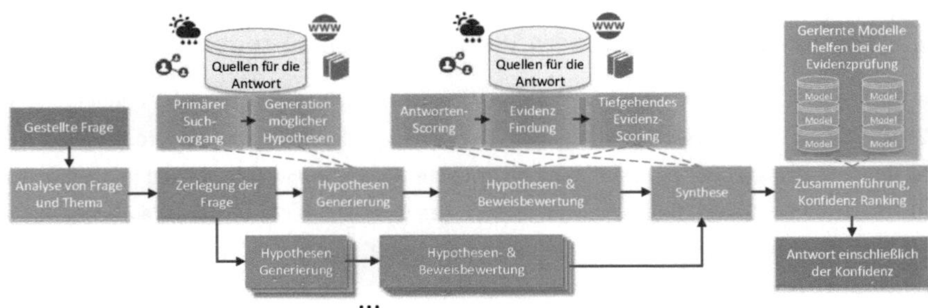

Abb. 2: Beweisbasierte Architektur nach Watson DeepQA (i. A. an IBM Corporation 2011a).

Der mit der Abbildung 2 beschriebene Algorithmus wurde über einhundertmal in Watson integriert, sodass jede Komponente des Systems eine Bedeutung zu der Frage und eine hypothetische Antwort hinzufügen kann. Die im Folgenden zur Erklärung verwendete *Jeopardy!* –

Frage lautet: *Im Jahre 1897 hat der schweizer Kletterer Matthias Zurbriggen als erster diesen argentinischen Gipfel bestiegen.*

Der sogenannte Clue wird im ersten Schritt durch Watson in Teilstücke (Tokens) zerlegt, um die Bedeutung der Frage zu identifizieren. Bei der Zerlegung werden gleichzeitig Beziehungen zwischen Wörtern ermittelt, um den Fokus des Clues zu bestimmen wie beispielsweise „diesen argentinischen Gipfel" (vgl. Nimführ 2011: 15). In Bezug auf das Symbol Grounding Problem hat Watson mit Hilfe des Menschenfeedbacks grundsätzlich die Bedeutung einiger Worte der natürlichen Sprache mit der von dem Menschen verwendeten Bedeutungszuschreibung „verstanden" und kann dies nun auf weitere Fälle anwenden. Watson imitiert so gesehen das assoziative Netzwerk des Menschen, indem Watson „ausgehend von einem Wissensknoten die Umgebung ausbau[t] mit Fakten, Fähigkeiten und Verbindungen zu anderen Knoten" (Hehl 2016: 167). Die Abbildung 3 zeigt hierzu die kontextbezogene Zerlegung der Frage durch das Watson-System.

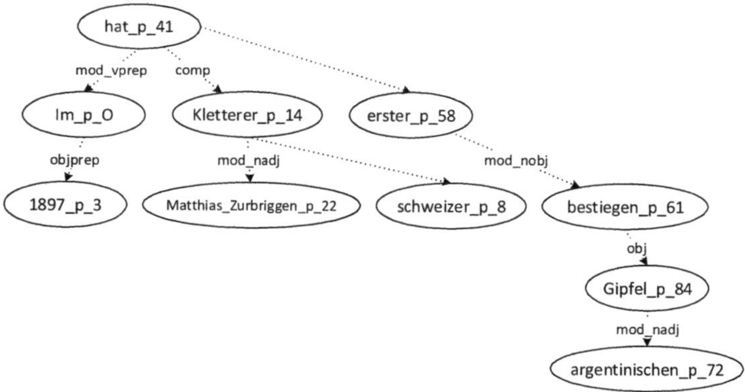

Abb. 3: Beziehungsermittlung zwischen Wörtern (i. A. a. Nimführ 2011: 15).

Im zweiten Schritt durchsucht das System seine Datenbanken, den sogenannten Korpus, mit hunderten Quellen nach den signifikanten Tokens bzw. Token-Kombinationen, um relevante Passagen zum Clue zu finden. Die mehrere Millionen Dokumente umfassende Suche der Passagen beinhaltet dabei sowohl strukturierte als auch unstrukturierte Daten (Abb. 8, siehe Anhang). Neben der Datenbank von Watson kann dessen Suche auch das World Wide Web mit aktuellen Nachrichten, Social Media Posts sowie Sensor- und Unternehmensdaten inkludieren. Bei *Jeopardy!* wurden jedoch nur zuvor integrierte Daten ohne WWW-Anschluss verwendet (vgl. IBM Corporation o. J. (b); Hehl 2016: 166).

Durch Analyse der gefundenen Dokumente, Daten bzw. Textpassagen werden mögliche Entitäten (Hypothesen) im dritten Schritt generiert und vorstellbar in einer Liste extrahiert. Dabei gilt es, eine größtmögliche Abdeckung zur erhalten, d.h. alle möglichen Hypothesen aufzunehmen. In dem Kontext wären das u.a. Berge, Personen und Orte (vgl. Nimführ 2011; 17).

In hochparallelisierter Arbeitsweise wendet Watson im vierten Schritt über 100 Deep Evidence Scoring Algorithmen an, um diese Hypothesen hinsichtlich ihrer Wahrscheinlichkeit als passende Antwort zu identifizieren. Diese Algorithmen gehören zu der eingesetzten Watson-Technologie DeepQA, die entwickelt wurde, um Fragen in entsprechender Qualität und Zeit liefern zu können und die nach dem probabilistischen Nachweisprinzip arbeitet (vgl. IBM Corporation 2011b: 3 f.). Der Hauptansatz von DeepQA ist die Ansicht und Nachverfolgung mehrerer Interpretationsmöglichkeiten einer Frage und somit verschiedenen zutreffenden Antworten, was das Problem der Mehrdeutigkeit und kontextsensitiven Bedeutung natürlicher Sprache adressiert. Bei einem einfachen Ansatz zum Hypothesenbeweis besteht die Gefahr, dass Eigenschaften nicht berücksichtigt werden und die Interpretation zum falschen Ergebnis gelangt.

Exemplarisch wird in der Abbildung 4 der Unterschied eines einfachen Schlüsselwortvergleichs und eines beispielhaften Vergleichs durch die Methode von DeepQA präsentiert. In beiden Varianten ist die Frage in blauer und die mögliche Information aus Watsons Datenbasis in grüner Farbe dargestellt (vgl. Nimführ 2011: 12).

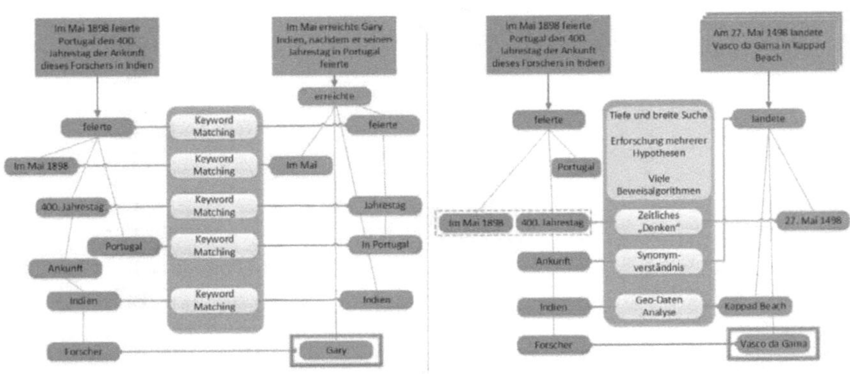

Abb. 4: Beweis durch Keywords (links) und tiefes Beweisen (rechts) (i. A. a. Nimführ 2011: 12 f.).

Gesuchte Schlüsselwörter werden folglich nicht direkt verglichen, sondern zumeist in einer zusätzlich (tieferen) Schicht betrachtet mit beispielsweise dem Einbezug von Synonymen oder der Betrachtung der indexikalischen Semantik von Ort und Zeit (vgl. Nimführ 2011: 13). Nur so kann Watson ein tiefergehendes „Verständnis" für Fragen wie „Auch solch ein kaputtes Ding an der Wand hat zweimal am Tag recht" entwickeln (vgl. Hehl 2016: 169 f.). In Bezug auf die Evidence Scoring Algorithmen von DeepQA nennt Nimführ (2011: 18) drei als besonders entscheidende Methoden.

- **Type coercion**: Es erfolgt eine Prüfung, mit welcher Wahrscheinlichkeit die Hypothese vom richtigen Typ ist. Demnach ist die Wahrscheinlichkeit, dass es sich bei dem Ausdruck *Everest* um den gesuchten Typ „Gipfel" handelt höher als bei *Stuart Vines*.

- **Temporal match**: Diese Evidenz-Prüfung ist eine der wichtigsten Faktoren und stellt die Prüfung dar, ob die Frage eine zeitliche oder datierte Referenz besitzt. Dabei werden Ausdrücke wie „Im Jahr 1897" oder „der 400. Jahrestag" in konkrete, vom System verarbeitbare Größen umgewandelt, um einen zeitliches „Denken" zu ermöglichen.

- **Passage Scorer:** Die Abschnittsbewertungsmethode ist eine der wichtigsten und validiert mit komplexen Bewertungsalgorithmen die Evidenz einer Passage.

Im letzten Schritt werden die Ergebnisse in bedeutungsgleichen Gruppen (evidence dimensions) zusammengefasst und es entsteht ein Evidenz-Profil. Dies wird letztlich durch Watson statistisch konsolidiert, um eine Konfidenz der Antworten zu erhalten. In *Jeopardy!* hat Watson die Konfidenz zusätzlich u.a. mit der Wahrscheinlichkeit abgeglichen, dass dessen Konkurrenten das Spiel gewinnen mit den Punkten, die diese bekommen würden, wenn Watson nicht antwortet (vgl. Hehl 2016: 169; Nimführ 2011: 19).

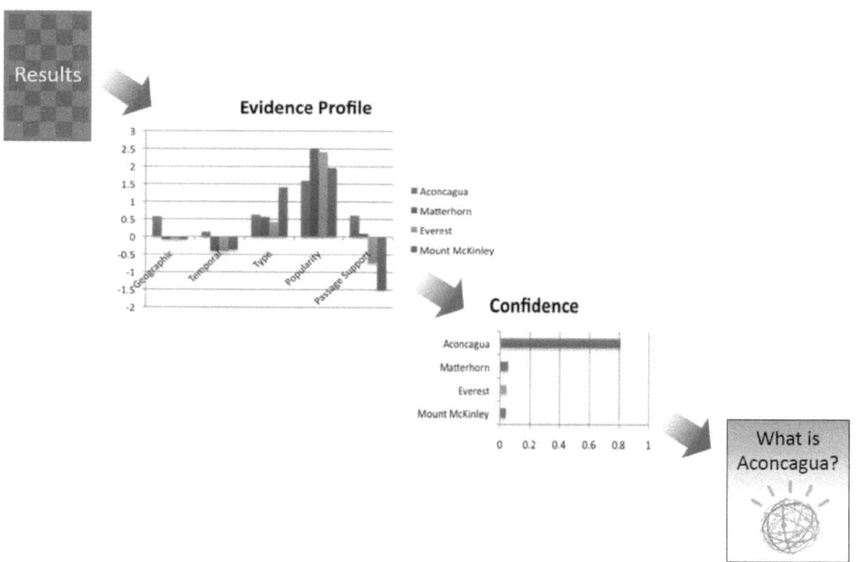

Abb. 5: Evidenzbestimmung der Hypothesen (i. A. a. Nimführ 2011: 19).

4 Anwendungsbereiche kognitiver Systeme

Das „tiefe Verständnis", das beispielhaft Watson u. a. mit der vorgestellten DeepQA-Technologie erreichen kann, sieht Hehl (2016: 170) als eine „Weiterentwicklung des Verstehens natürlicher Sprache hin zur Interaktion und schliesslich zur Problemlösung und zum Handeln". IBM's Senior Vice President des Cognitive Solutions Teams John Kelly (2015: 7 f.) beschreibt dahingehend die Anwendungsvielfalt kognitiver Systemen in folgenden Kernkompetenzen:

1.) **Erhöhung der Personalisierung**: Durch die Auswertung von bspw. Webinteraktionen, Kaufhistorien und Wearable-Daten und die Kombination mit den Stimmungen/Beziehungen einer Person kann ein personalisiertes Profil einer Person erstellt und eine bessere Kommunikation zu dem Kunden geschaffen werden, z. B. im Einzelhandel.

2.) **Skalieren und Erhöhung von Expertise**: Mittels Bündelung und Analyse wichtiger Informationen kann Fachkräften Expertenwissen zur Verfügung gestellt werden, was sonst aufgrund von Umfang/Komplexität unmöglich wäre z.B. im Gesundheitsbereich.

3.) **Erweiterung um kognitive Komponenten**: Durch die Erweiterung um kognitive Komponenten kann mit Dienstleistungen/Produkten auf Nutzerverhalten und -feedback in Echtzeit reagiert und Verbesserungsprozesse verwirklicht werden z.B. Auto-Industrie.

4.) **Verbesserung von Betriebsprozessen**: Durch präzise Analysen interner und externer Betriebsprozesse und weiterer Daten wie des Wetters können z.B. Personenstunden zur Fehlersuche eingespart oder Entscheidungsempfehlungen gegeben werden.

5.) **Erhöhung des Explorationspotenzials**: Das Erkennen von Verhaltensmustern und Trends verhilft zu absehbaren Zukunftserkenntnissen, wodurch bspw. Unternehmen Entscheidungshilfen bei Investitionen oder Neuausrichtung erlangen können durch regelbasierte und Datenquellen und abteilungsübergreifende kognitive Fähigkeiten.

Mit der ersichtlich großen Anwendungsvielfalt lassen sich auch die vielseitigen Anwendungsbereiche erklären mit möglichen Einsätzen in: Rat- und Auskunftgebern, autonomen Fahr- und Flugzeugen, Produktions- und Dienstrobotern, Diagnostik, Senioren- und Krankenpflege und Sicherheits- und Finanzwesen (vgl. Weber: 9). Das Potenzial von Watson als medizinischer kognitiver Assistent, das Hehl (2016: 170 f.) sah, u.a. durch Kausalkettenbildung mit Hilfe eines enormen Expertenwissens und darauf basierende Diagnose, ist bereits umgesetzt (vgl. Monegain 2016). Der kognitive Assistent *Amelia* von IPsoft versteht mehrere Sprachen und Emotionen und antwortet bezugnehmend. Im Mai 2015 gab es in diversen Unternehmen Pilotprojekte wie bei Accenture zur Unterstützung von Remote-Arbeitern (vgl. Ankeny 2015). Ein Jahr später führten Accenture und IPsoft einen Accelerator ein, um Kunden ins AI-Business zu begleiten (vgl. Accenture Plc 2016).

5 Schlussbetrachtung

Angesichts des durch Gartner Inc. 2015 prognostizierten Anstiegs von v.a. unstrukturierten Daten, welche mit den vorhandenen analytischen Techniken nicht zu bewältigen sind und des Fortschrittes von intelligenten Maschinen, der unmittelbar nach dem Sieg von IBM's Watson in der Quizshow *Jeopardy!* angestoßen wurde, sind kognitive Systeme heutzutage ein omnipräsentes Thema und als ein strategischer IT-Trend seit 2016 zu sehen. Eine zentrale Voraussetzung bei diesen Systemen ist die Kommunikation mit dem Menschen und damit das Verstehen und Verarbeiten natürlicher Sprache. Ziel dieser Arbeit bildete daher folgende Forschungsfrage, welche anhand des kognitiven Systems Watson beantwortet wurde: *Inwiefern kann ein IT-System eine Fragestellung verstehen und beantworten?*

Bei der Beantwortung von Fragestellungen durch verschiedene IT-Systeme wurden unterschiedliche Arbeitsweisen identifiziert. Dabei gibt es sowohl Pattern-basierte Suchalgorithmen, welche Fragen mit gerankten Antwortmöglichkeiten ausgeben wie Google, Suchalgorithmen, die Semantik erkennen und so Verknüpfungen zwischen den Suchbegriffen herstellen können, um auf konkrete Fragen zu antworten wie Wolfram|alpha sowie IT-Systeme, welche die Fragen bis ins Detail „verstehen" und ihre Antwort nach einem probabilistischen Nachweisprinzip ähnlich dem menschlichen Denkmuster auswählen wie bspw. Watson. Diese Systeme können dadurch u.a. mit der Symbol Grounding Problematik und unsicheren Informationen umgehen.

Schlussfolgernd werden durch komplexe Synthese fortschrittlicher Technologien und Algorithmen, wie es an Watson aufgezeigt wurde, einem neuronalen Netzwerk des Menschen ähnliche, technische Strukturen aufbaut. Bei Watson erfolgt das Verstehen einer Frage und das „Lernen" demnach wie bei den Menschen ausgehend von einem Wissensknoten durch das Schaffen von Verbindung zu anderen Wissensknoten. Basis dafür ist eine dem System beigebrachte grundsätzliche Bedeutungszuschreibung. Die Beantwortung einer Frage geschieht folglich über einen Abwägungsprozess der möglichen Antworten der Wissensbasis des Systems, wobei jede Antwort auf ihre Evidenz überprüft wird und die Geeignetste ausgewählt wird.

Reflektierend ist anzumerken, dass Cognitive Computing einen stetig wachsenden Bereich darstellt und im Rahmen dieser Arbeit lediglich ein Teilaspekt in eingeschränkter Tiefe betrachtet werden konnte. Weiterhin wurde festgestellt, dass das Buchkapitel trotz dessen datierbarer Aktualität den aktuellen Fortschritt nicht wiederspiegeln kann, wodurch viele Quellen hinzugezogen wurden, um dem heutigen Stand gerecht zu werden. In zukünftiger Forschung könnten bereits umgesetzte Anwendungsszenarien kognitiver Systeme mit wirtschaftlichen Kenngrößen betrachtet werden, wie eingesparte monetäre Aufwände von Firmen durch verminderte Personenstunden oder gezieltes Agieren auf Empfehlungen basierend auf kognitiven Prognosen. Des Weiteren sind Untersuchungen bzgl. der Grenzen kognitiver Systeme bzw. der moralischen Frage nach dem Ende der Maschinenautonomie möglich.

Literaturverzeichnis

Accenture Plc (2016): Accenture Amelia Practice to Help Organizations Accelerate Adoption of Artificial Intelligence, [online] https://newsroom.accenture.com/news/accenture-and-ipsoft-launch-accenture-amelia-practice-to-help-organizations-accelerate-adoption-of-artificial-intelligence.htm [28.05.2016].

Anderson, John R. (2012): *Kognitive Psychologie*, Berlin: Springer Berlin Heidelberg.

Ankeny, Jason (2015): Meet Amelia, the AI Platform That Could Change the Future of IT, [online] https://www.entrepreneur.com/article/245827 [28.05.2016].

Buehler, Martin, Karl Iagnemma und Sanjiv Singh (2007): *The 2005 DARPA Grand Challenge.The Great Robot Race*, Berlin: Springer Berlin Heidelberg.

Cognitive Computing Consortium (2014): Cognitive Computing Definition, [online] https://cognitivecomputingconsortium.com/definition-of-cognitive-computing [24.05.2016].

Deedrick, Tami (2011): It's Technical, Dear Watson, [online] http://www.ibmsystems-mag.com/ibmi/trends/whatsnew/It%E2%80%99s-Technical,-Dear-Watson/ [30.05.2016].

Deng, Li und Dong Yu (2013): Deep Learning. Methods and Applications, in: Eldar Yonina (Hrsg.), *Foundations and Trends® in Signal Processing*, Vol. 7, Nos 3-4, S. 197-387.

Earley, Seth (2015): Executive Roundtable Series. Machine Learning and Cognitive Computing", in: *IEEE IT Professional*, Vol. 17, No. 4, S. 56-60.

Gartner Inc. (2012): Predicts 2013: Business Intelligence and Analytics Need to Scale Up to Support Explosive Growth in Data Sources, [online] https://www.gartner.com/doc/2269516/predicts--business-intelligence-analytics [28.05.2016].

Gartner Inc. (2015): Top 10 Strategic Technology Trends for 2016: At a Glance, [online] https://www.t-systems.de/news-media/gartner-top-10-strategic-technology-trends-for-2016-at-a-glance/1406184_1/blobBinary/gartner_top10.pdf [01.06.2016].

Hassabi, Demis (2016): AlphaGo: using machine learning to master the ancient game of Go, [online] https://googleblog.blogspot.de/2016/01/alphago-machine-learning-game-go.html [24.05.2016].

Haun, Matthias (2014): *Cognitive Computing*, Berlin: Springer Berlin Heidelberg.

Hehl, Walter (2016): *Wechselwirkung. Wie Prinzipien der Software die Philosophie verändern*, Berlin: Springer Berlin Heidelberg.

IBM Corporation (2011a): The DeepQA Research Team, [online] http://researcher.watson.ibm.com/researcher/view_group_subpage.php?id=2159 [30.05.2016].

IBM Corporation (2011b): *Watson – Antworten mit System. Die Zukunft des workloadoptimierten Systemdesigns*, o. O.: IBM Corporation.

IBM Research (2012): *Building Watson: A Brief Overview of the DeepQA*, New York: IBM Corporation.

IBM Corporation (2014): Neue Watson Services aus der Cloud, [online] http://www-03.ibm.com/press/de/de/pressrelease/42900.wss [30.05.2016].

IBM Corporation (o. J.(a)): What is Watson?, [Intranet] http://www.ibm.com/smarter-planet/us/en/ibmwatson/what-is-watson.html [26.05.2016].

IBM Corporation (o. J. (b)): Is Watson artificial intelligence?, [online] https://w3-workplace.ibm.com/ibm/thinkacademy/?cache=4-23-17#/one-question/is-watson-artificial-intelligence [23.05.2016].

Kelly, John E. 2015: Computing, cognition and the future of knowing. How humans and machines are forging a new age of understanding, [online] http://www.research.ibm.com/software/IBMResearch/multimedia/Computing_Cognition_WhitePaper.pdf [23.05.2016].

Klein, Dominik, Phuoc Tran-Gia und Matthias Hartmann (2013): Big Data, [online] https://www.gi.de/service/informatiklexikon/detailansicht/article/big-data.html [25.05.2016].

Lercher, Silvia und Alexandra Heinisch (2009): The Symbol Grounding Problem, [online] https://www.uibk.ac.at/psychologie/mitarbeiter/leidlmair/the_symbol_grounding_problem_seminararbeit.pdf [25.05.2016].

Licklider, J. C. R. (1960): Man-Computer Symbiosis, in: *IRE Transactions on Human Factors in Electronics*, Vol. HFE-1, S. 4-11.

Marr, Bernard (2016): What Everyone Should Know About Cognitive Computing, [online] http://www.forbes.com/sites/bernardmarr/2016/03/23/what-everyone-should-know-about-cognitive-computing/#2837de165d6e [23.05.2016].

May, Kate T. (2016): How did supercomputer Watson beat Jeopardy champion Ken Jennings?.Experts discuss., [online] http://blog.ted.com/how-did-supercomputer-watson-beat-jeopardy-champion-ken-jennings-experts-discuss/ [28.05.2016].

McCarthy, John (2007): What is artificial intelligence?, Standford, CA: Standford University.

Microsoft Corporation (o. J.): Grundlegendes zur Funktionsweise von Suchmaschinen, [online] https://msdn.microsoft.com/de-de/library/ff724041%28v=expression.40%29.aspx [24.05.2016].

Microsoft Corporation (2016): Grundlegendes zur Funktionsweise von Suchmaschinen, [online] https://support.microsoft.com/en-us/help/11694/windows-phone-cortana-on-your-windows-phone [27.05.2016].

Modha, Dharmendra S., Rajagopal Ananthanarayanan, Steven K. Esser, Anthony Ndirango, Anthony J. Sherbondy und Raghavendra Singh (2011): Cognitive Computing, in: *Communications of the ACM*, Vol. 54, Nr. 8, S. 62-71.

Monegain, Bernie (2016): IBM Watson teams up with American Cancer Society to pit cognitive computing against cancer, [online] http://www.healthcareitnews.com/news/ibm-watson-teams-american-cancer-society-pit-cognitive-computing-against-cancer [02.06.2016].

New York Times (2016): The Promise of Artificial Intelligence Unfolds in Small Steps, [online] http://www.nytimes.com/2016/02/29/technology/the-promise-of-artificial-intelligence-unfolds-in-small-steps.html?_r=0 [28.05.2016].

Nimführ, Wolfgang (2011): *Watson – Ein lernendes Computersystem*, Zürich: IBM Corporation.

Rouse, Margaret (2016): Cognitive Computing, [online] http://whatis.techtarget.com/definition/cognitive-computing [23.05.2016].

Tacke, Oliver (2007): Wissensmaschine zweckentfremndet: Business Intelligence mit Wolfram|alpha, in: *Wirtschaft und Management*, Vol. 1, Nr. 4, S. 20-23.

Volker, Zota (2015): Digitale Assistenten, in: c't magazine für computer technik, Nr. 16/2015, S. 122-142.

Weber, Mathias (2015): *Kognitive Maschinen – Meilenstein in der Wissenschaft. Leitfaden*, Berlin: Bundesverband Informationswirtschaft, Telekommunikation und neue Medien e.V.

Anhang

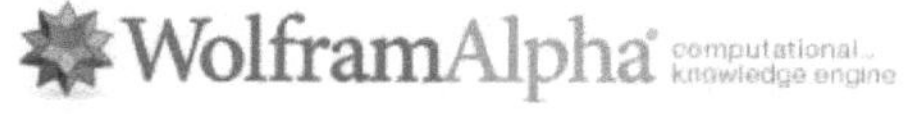

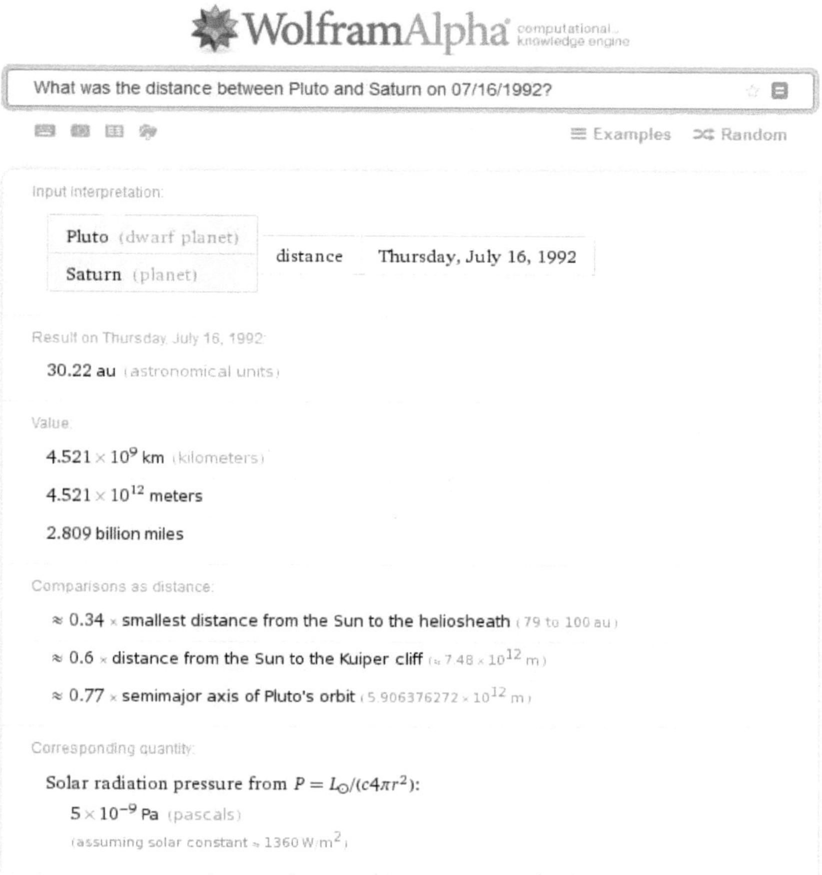
WolframAlpha computational knowledge engine
What was the distance between Pluto and Saturn on 07/16/1992?
Examples
Random
Input interpretation:
Pluto (dwarf planet)
Saturn (planet)
distance
Thursday, July 16, 1992
Result on Thursday, July 16, 1992:
30.22 au (astronomical units)
Value:
4.521 × 10^9 km (kilometers)
4.521 × 10^12 meters
2.809 billion miles
Comparisons as distance:
≈ 0.34 × smallest distance from the Sun to the heliosheath (79 to 100 au)
≈ 0.6 × distance from the Sun to the Kuiper cliff (≈ 7.48 × 10^12 m)
≈ 0.77 × semimajor axis of Pluto's orbit (5.906376272 × 10^12 m)
Corresponding quantity:
Solar radiation pressure from P = L⊙/(c4πr²):
5 × 10^-9 Pa (pascals)
(assuming solar constant ≈ 1360 W/m²)

Abb. 6: Screenshot der beantworteten Frage von Wolfram|alpha am 29.05.2016.

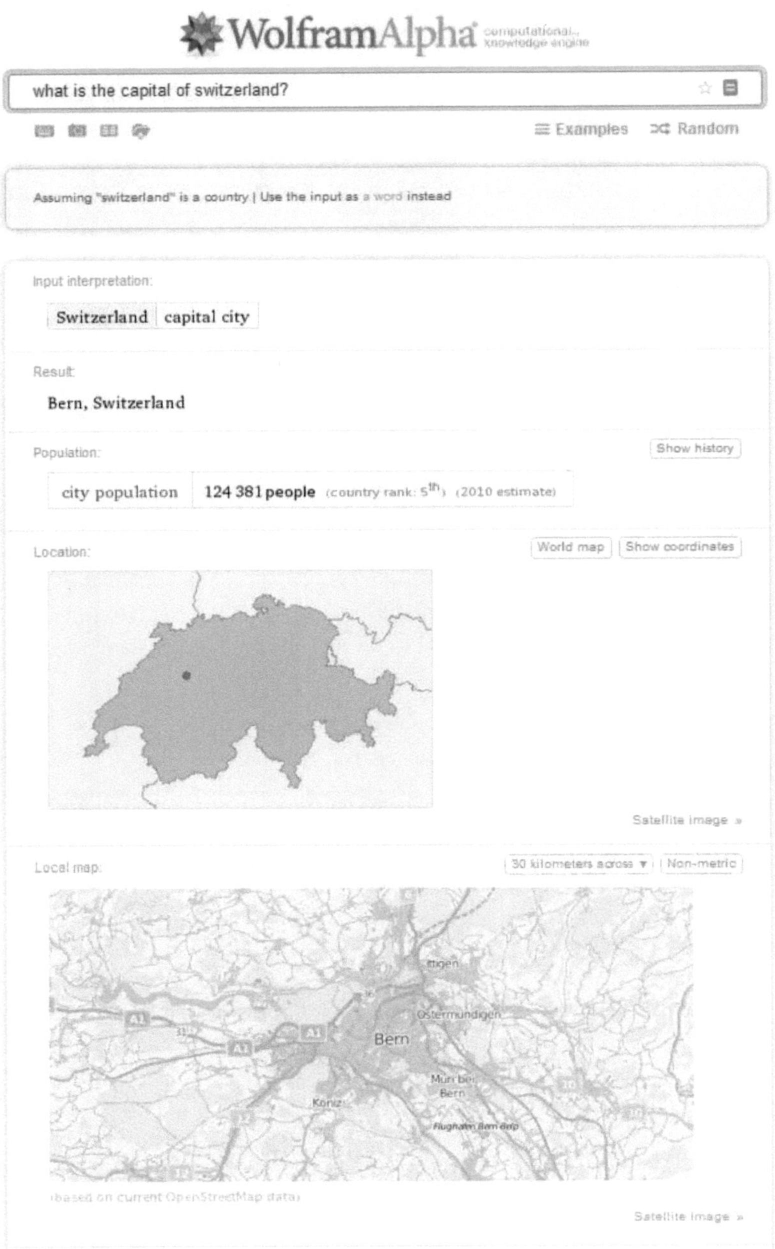

Abb. 7: Screenshot der beantworteten Frage (A) von Wolfram|alpha am 29.05.2016.

Matthias Zurbriggen

Matthias Zurbriggen (* 15. Mai 1856 in Saas-Fee; † 21. Juni 1917 in Genf) war ein Schweizer Bergsteiger.

Matthias Zurbriggen wurde in Saas-Fee geboren, wanderte mit seiner Familie als Kind jedoch ins italienische Macugnaga aus. Der Geschichte nach war Matthias Zurbriggen damals noch so klein, dass er in einer Trage am Rücken der Mutter über den Monte-Moro-Pass getragen wurde. Fortan lebte die Familie im italienischen Walserdorf Macugnaga. Im Alter von dreizehn Jahren verließ er Macugnaga und war als Hilfsarbeiter in diversen Ländern tätig, bevor er in seine Walserheimat zurückkehrte. Beim Bau der Marinelli-Hütte in der Ostwand des Monte Rosa erlangte er seine Bergsteigerqualitäten. Dort war er dann länger als Bergführer aktiv, bis er 1892 von William Martin Conway entdeckt wurde.

Zusammen erforschten sie während eines ganzen Jahres Gletscher und Gipfel im Karakorum und stellten an einem Nebengipfel des Baltoro Kangri mit 6890 Meter den damaligen Höhenrekord auf. Danach war Zurbriggen alleine in Indien und Australien unterwegs. Am 14. Januar 1697 gelang ihm die Erstbesteigung des 6958 m hohen Aconcagua in den Anden in Argentinien im Alleingang. Kurze Zeit darauf stand er mit Stuart Vines am Tupungato.

Aconcagua

Die erste erwähnte Expedition wurde von November 1882 bis März 1883 von dem Deutschen Paul Güßfeldt durchgeführt. Er konnte nachweisen, dass der Aconcagua kein Vulkan ist, und die Höhe relativ genau bestimmen. Seine Besteigungsversuche von Norden aus musste er jedoch mehrmals wegen Schlechtwetters abbrechen. Seine größte erreichte Höhe betrug 6560 m. Die nach einem erfolglosen Versuch des deutschen Turnvereins von Santiago de Chile dritte Expedition wurde im Dezember 1896 von dem Briten Edward FitzGerald angeführt, wobei der Weg von Süden gewählt wurde. Der Expeditionsleiter, der Bergführer Matthias Zurbriggen aus Saas Fee, erreichte am 14. Januar 1897 als erster den Gipfel. Wegen Übelkeit von FitzGerald mussten unterhalb des Gipfels die Bergführer Nicola Lanti aus Macugnaga, Josef Lochmatter, Josef Pollinger und Alois Pollinger junior aus St. Niklaus die Expeditionsteilnehmer wieder ins Basislager zurückführen. Am 13. Februar führten Nicola Lanti und Stuart Vines die Zweitbesteigung durch.[1] Der erste Argentinier auf dem Gipfel war am 8. März 1934 der Soldat Nicolás Plantamura, die erste Frau die Französin Adriana Banca am 7. März 1940. 1946 wurden entlang des Normalwegs über den Nordwestgrat mehrere Biwakschachteln bis in eine Höhe von 6400 m errichtet; sie sind heute jedoch größteils verfallen. Der südliche Nebengipfel des Berges wurde erst 1947 durch eine deutsche Gruppe (Thomas Kopp, Lothar Herold) bestiegen.[2]

Abb. 8: Stichwortsuche über unstrukturierte Datenbestände (exemplarisch: Wikipedia).

BEI GRIN MACHT SICH IHR WISSEN BEZAHLT

- Wir veröffentlichen Ihre Hausarbeit, Bachelor- und Masterarbeit

- Ihr eigenes eBook und Buch - weltweit in allen wichtigen Shops

- Verdienen Sie an jedem Verkauf

Jetzt bei www.GRIN.com hochladen und kostenlos publizieren